听，植物有话说

张劲硕　史军◎编著　余晓春◎绘

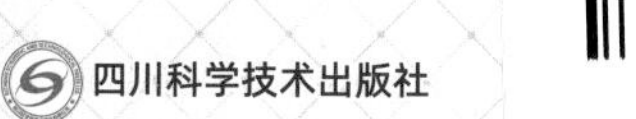

图书在版编目 (CIP) 数据

听，植物有话说 / 张劲硕，史军编著；余晓春绘
. -- 成都：四川科学技术出版社，2024.1
（走近大自然）
ISBN 978-7-5727-1214-2

Ⅰ. ①听… Ⅱ. ①张… ②史… ③余… Ⅲ. ①植物－
少儿读物 Ⅳ. ① Q94-49

中国国家版本馆 CIP 数据核字 (2023) 第 233975 号

走近大自然　听，植物有话说

ZOUJIN DAZIRAN　TING，ZHIWU YOU HUA SHUO

编 著 者　张劲硕　史　军
绘　　者　余晓春

出 品 人　程佳月
责任编辑　潘　甜
助理编辑　叶凯云
封面设计　王振鹏
责任出版　欧晓春
出版发行　四川科学技术出版社
成都市锦江区三色路 238 号　邮政编码　610023
官方微博　http://weibo.com/sckjcbs
官方微信公众号　sckjcbs
传真　028-86361756
成品尺寸　170 mm × 230 mm
印　　张　16
字　　数　320 千
印　　刷　河北炳烁印刷有限公司
版　　次　2024 年 1 月第 1 版
印　　次　2024 年 1 月第 1 次印刷
定　　价　168.00 元（全 8 册）

ISBN 978-7-5727-1214-2

邮　　购：成都市锦江区三色路 238 号新华之星 A 座 25 层　邮政编码：610023
电　　话：028-86361770

■ 版权所有　翻印必究 ■

目录

MULU

超级光合作用植物

一些植物具有超强的光合作用，科学家也正在对此进行研究。那么，在应对全球气候变暖、粮食短缺和能源危机的挑战时，这些超级植物（光合作用超强的植物）能给我们带来什么样的惊喜呢？

在澳大利亚昆士兰州的艾尔镇附近，一块土地上种植着一些不同寻常的作物。这些稍带银白色的青绿色植物，长长的肉质叶子向外展开，就像有许多细锯齿的刀片，这就是龙舌兰。

龙舌兰是制作烈酒龙舌兰酒所必需的原料，这也是它最为有名的用途。与澳大利亚太平洋沿岸相比，种植龙舌兰在墨西哥更为普遍。然而，对科学家来说，龙舌兰对人类的意义非同寻常，因为这种超级植物是即将到来的全球能源革命中的一部分。

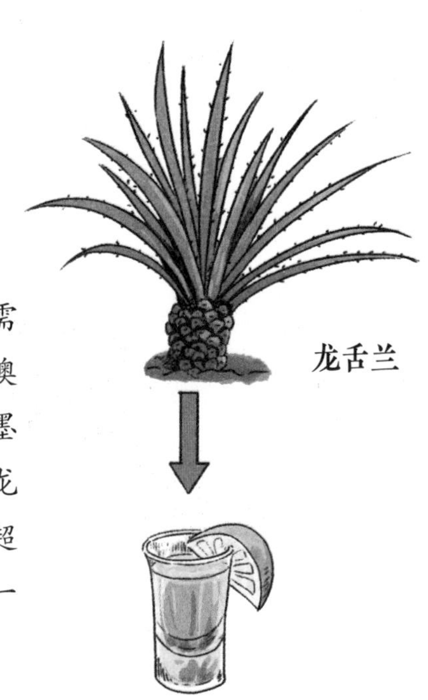

龙舌兰酒

龙舌兰的确非同寻常，即使在地球上最干燥缺水的地方，它也能正常进行光合作用。这就使科学家联想到了地球的粮食供应。随着全球气候变暖，地球上的粮食供应开始受到威胁，科学家开始竞相研究龙舌兰，希望能够驾驭龙舌兰所具有的那种神秘力量。那么，龙舌兰这种超级植物，究竟具有什么能耐，又能给我们带来什么样的惊喜呢？

科学家在研究龙舌兰

地球上的植物在为人类提供食物、燃料、建筑材料和自然美景的同时，还封存了大量的二氧化碳，否则，地球的温度会变得更高。人类的生存一直依赖植物的光合作用，光合作用是一种非常奇妙的自然现象。

绿色植物通过吸收光能，将二氧化碳和水转化为有机物和氧气。通过光合作用贮藏起来的化学能，是我们人类营养和活动的能量来源。然而，尽管绿色植物的光合作用经过了 20 亿年漫长的演化历程，但也必须承认：绿色植物虽然创造了奇迹，但没有做得很好。普通绿色植物将太阳能转化为生物能的效率平均仅为 1%，这样的效率实在有点儿令人失望。

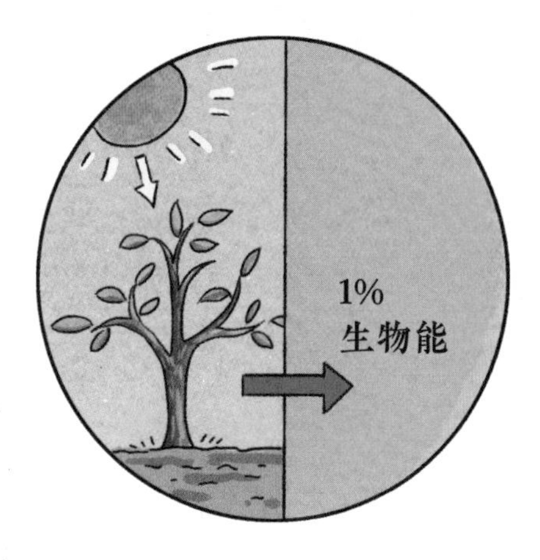

普通绿色植物将太阳能转化为生物能的效率平均仅为 1%

为此，科学家希望通过探索龙舌兰等植物超强光合作用的秘密，来开发和利用龙舌兰的这种强大而神秘的光合作用能力，从而为人类开创一个更绿色环保、更清洁、更安全的未来。

科学家在研究龙舌兰超强光合作用的秘密

“碳四”是“碳三”的升级版吗?

普通绿色植物低效率的光合作用，被称为“碳三光合作用”，地球上绝大多数的绿色植物（包括小麦、水稻和大豆等）都是碳三植物。只有一小部分的绿色植物采用的是碳四光合作用。

碳三植物

碳四植物包括一些主要的食用植物，如玉米、甘蔗，以及众多动物食用的牧草。全球气候变暖将导致养活全人类的压力增大，粮食安全形势严峻。即使在未来全球气候变暖控制在了预期的范围内，小麦、水稻和大豆等碳三植物的产量还是可能会受影响。这就促使科学家产生了要创造更多碳四植物这种高效光合作用植物的想法。

碳四植物

是否可以通过基因工程促成碳三植物采用碳四植物的光合作用模式呢？

碳四水稻项目是 2008 年启动的一项国际性大项目，旨在通过这一研究，将世界一半人口的主食转化为碳四植物产品。

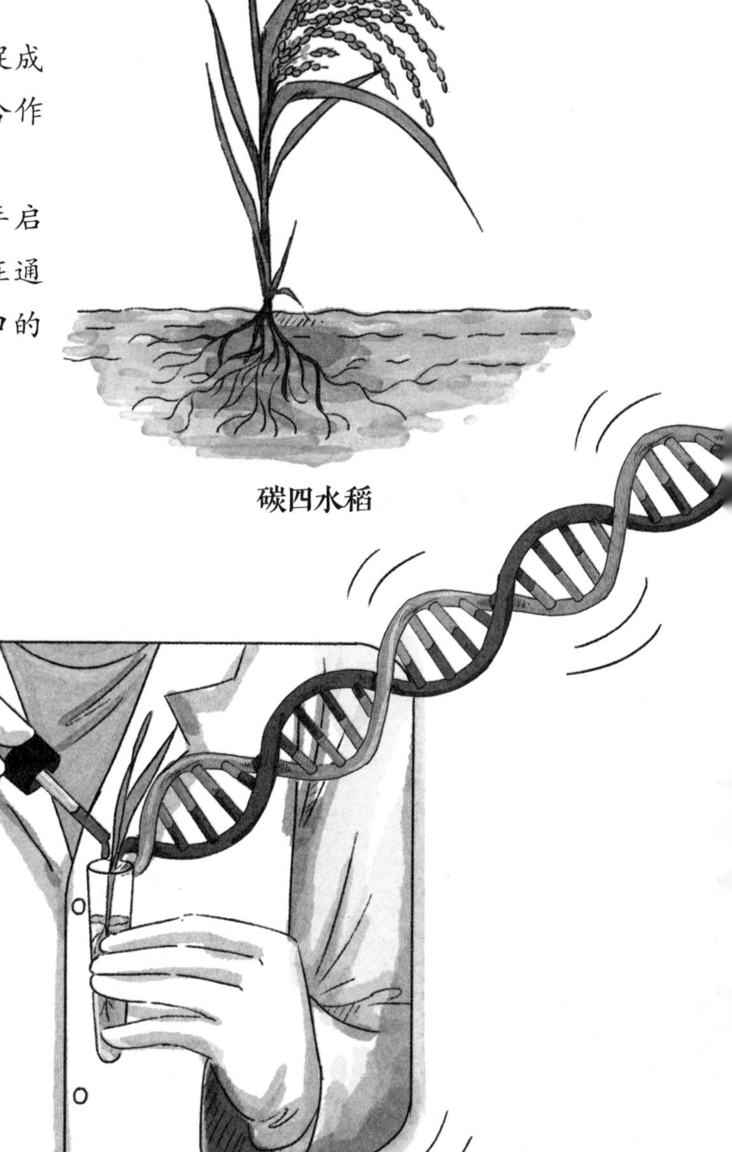

碳四水稻

研究人员正在对水稻基因进行重新设计

碳三植物水稻缺乏碳四植物所特有的叶片结构，因此需要通过插入新基因对其结构进行重新设计。有科学家认为，这是目前合成生物学和基因组工程领域最大的项目。

几年前，研究人员宣布已经培育出一种碳四水稻样本，该改良品种拥有重要的细胞间通道，叶绿体也更大。研究人员表示，目前可能得不到完美的碳四水稻，但会得到产量更高的碳三水稻品种。与此同时，还有一些研究人员已经在大气二氧化碳浓度较高的环境中种植了改良品种的水稻，以获得碳四水稻的相关数据。实验数据表明，这些水稻的产量比传统水稻的产量高。

碳四水稻项目曙光初现，但还远远不够。随着气候变化，我们不仅需要更高产量和更强光合作用的粮食作物，还需要粮食作物能够适应更严酷的环境条件。科学家认为，在全球气候危机背景下，缺水将成为限制农业发展的重要因素。据预测，在未来，干旱将肆虐许多半干旱地区，更多土地将发生更频繁、更严重和更持久的干旱。土地太过干旱，将导致粮食作物无法生长，在这种情况下，即使培育出增强版光合作用的水稻也无济于事。

但无论气候怎样变化，碳四水稻如果能研发成功并得到广泛应用，都将是人类在确保粮食安全道路上向前迈出的一大步。

大自然的秘密武器——景天酸代谢途径

大自然还有一种秘密武器。大约 5% 的绿色植物采用的是另一种光合作用方式——景天酸代谢途径，这些植物被称为景天酸代谢（以下简称 CAM）植物。CAM 植物包括菠萝、芦荟和香草等，昆士兰的锯齿叶银边龙舌兰也是其中之一。

与碳四植物的光合作用方式一样，CAM 植物可预浓缩二氧化碳。但有所不同的是，碳四植物是从物理层面将光合作用分成两部分，而 CAM 植物则是从时间层面将光合作用分成两部分。与大多数绿色植物不同的是，CAM 植物只有在凉爽的夜晚才会打开气孔来吸收二氧化碳。

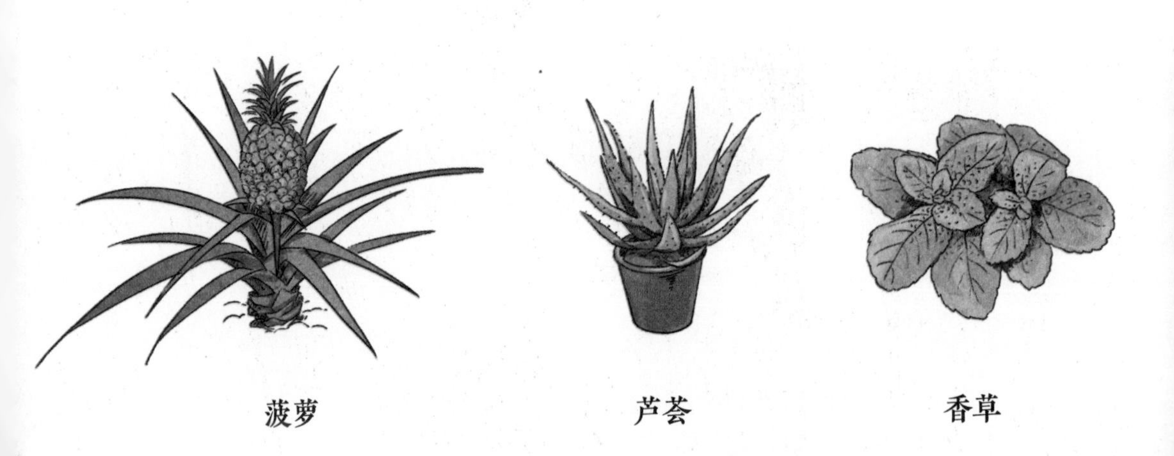

菠萝　　芦荟　　香草

当太阳升起时，CAM 植物的气孔就会关闭，以防水分流失，此时 CAM 植物只利用储存的二氧化碳进行光合作用。正因为 CAM 植物的这些适应性变化，和耐旱的碳三植物及碳四植物一样，CAM 植物只需要很少的水就能够满足生长需要。随着全球气候变暖，水的短缺将成为限制农业发展的重要影响因素，而不需要太多水的碳四植物和 CAM 植物将是满足未来粮食需求的希望所在。

如今，龙舌兰的种植越来越普遍，并且有了许多不同寻常的用途。例如，科学家塔恩的种植园里正在做用龙舌兰来生产生物质燃料的实验。在世界许多地区，生物质燃料已经被用来作为汽油的补充，越来越多地被视为液态化石燃料的可替代品。但由于种植能生产生物质燃料的植物需要大量的土地，以及其他资源，其功过利弊依旧存在争议。

研究小组的新发现

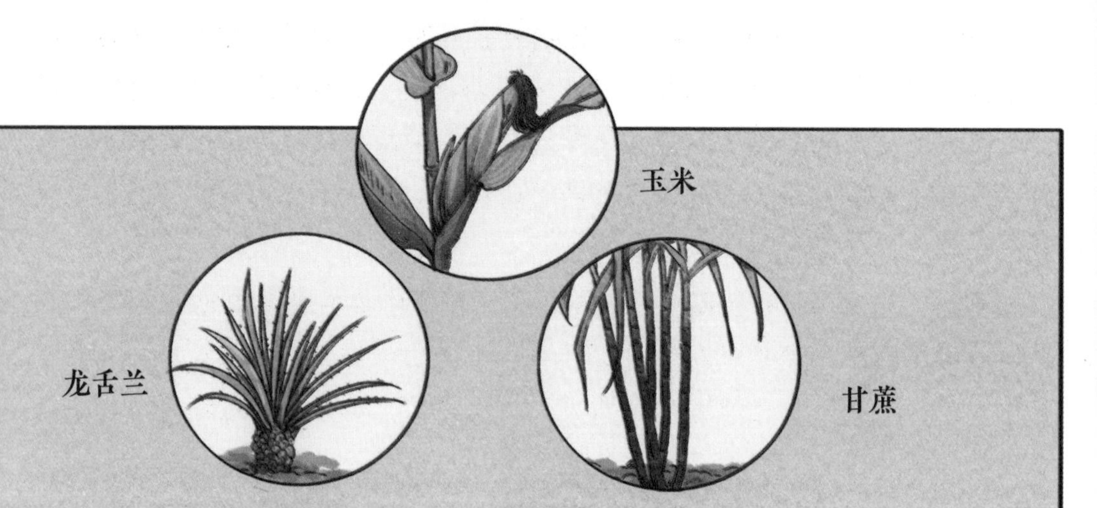

有科学家团队发表了一份关于龙舌兰的综合评估报告，其中对温室气体排放、水消耗和环境污染等问题进行了研究。他们发现，与从玉米中提取生物乙醇相比，从龙舌兰属植物、甘蔗中提取生物乙醇对全球变暖的影响要低。另外，因为在澳大利亚种植龙舌兰没有本土害虫，所以既不需要灌溉，也不需要杀虫剂。

美国分子生物学家约翰·库什曼的研究小组正在进行一项关于仙人掌果的项目。仙人掌果是仙人掌属植物的果实，用途广泛，可用于制作食品、动物饲料，制备生物乙醇和沼气。在美国内华达州的大田试验表明，1 公顷的仙人掌果每年可产生高达几十吨的生物量，与玉米和甘蔗的产量相当。巴西和突尼斯都在许多峡谷地带种植了仙人掌属植物，当地的科学家观察到，由这种仙人掌属植物组成的树篱可以防止水土流失，提高土壤中的氮含量。

碳四植物玉米

人们通常认为，CAM 植物生长缓慢，其实这是对它们的误解。像玉米和大豆这样的一年生作物生长迅速，但一年只有一个生长季节；而大多数 CAM 植物是多年生植物，可以连续生长数年，因此有些 CAM 植物同样也能够实现高产。

CAM 植物芦荟

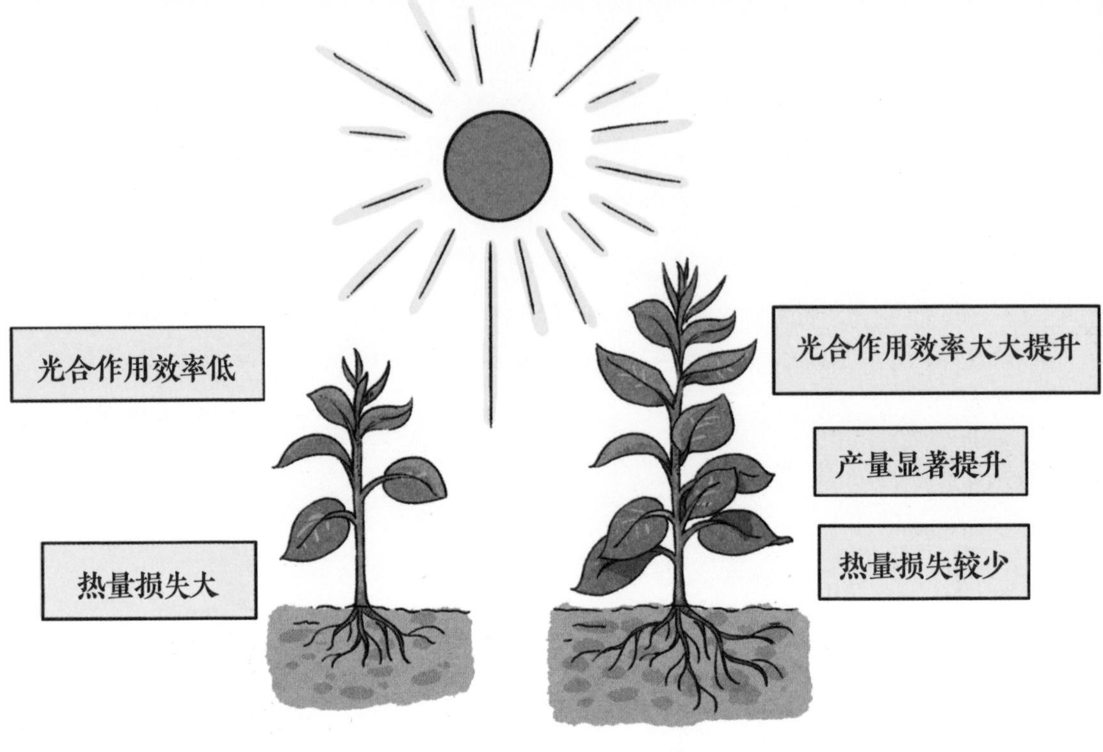

未来食物：明天我们吃什么？

一些科学家想知道，是否可以利用 CAM 植物开展一些与碳四水稻项目类似的项目，目的是将碳三植物和 CAM 植物的特性结合起来，创造一种超级作物。过去的几年里，科学家已经对几种 CAM 植物的基因组进行了测序，但是要获得成功，还有很长的路要走。虽然科学家已经大致了解了 CAM 植物光合作用的路径，但对具体的运作方式、重要细节等尚不清楚。

目前，科学家正在将对 CAM 植物基因的理解综合起来，开发 CAM 大豆。他们认为，大概几年后将获得这样的大豆品种，但距离田间大面积种植可能还需要较长的一段时间。与此同时，地球上越来越多的半干旱地区都在计划种植龙舌兰等 CAM 植物，龙舌兰高大的青绿色叶子将成为地球上更加常见和亮丽的风景线。

大自然中的植物和真菌

探索“超级作物”

地球上的植物和真菌经过几亿年的演化发展，有几十万种之多，它们当中蕴藏着目前人类尚无法完全认知的极为丰富的遗传物质。与之相比，目前已经开发和利用的农作物物种和遗传资源，实在不足以应对人口增长、可利用土地面积减少和淡水资源匮乏的现实。因此，农业科学家一直在探索“超级作物”。

超现实品种的真实存在

1980 年，《科学年鉴》上刊登了一则消息：植物生理学家梅尔彻斯和他的同事，在 1978 年利用细胞融合技术培育出了第一个番茄与马铃薯的杂交品种——具有在同一株植物上长出两种作物的能力，即在地面上长出番茄，而在土壤中长出马铃薯。但研究者当时不知道这种杂交品种能否繁殖出不低于原种品质和产量的后代。

番茄和马铃薯都是风靡世界的作物。它们的杂交品种如果能成功面世，将给全世界的农民和美食爱好者带来“鱼与熊掌兼得”的惊喜。

番茄和马铃薯的杂交品种

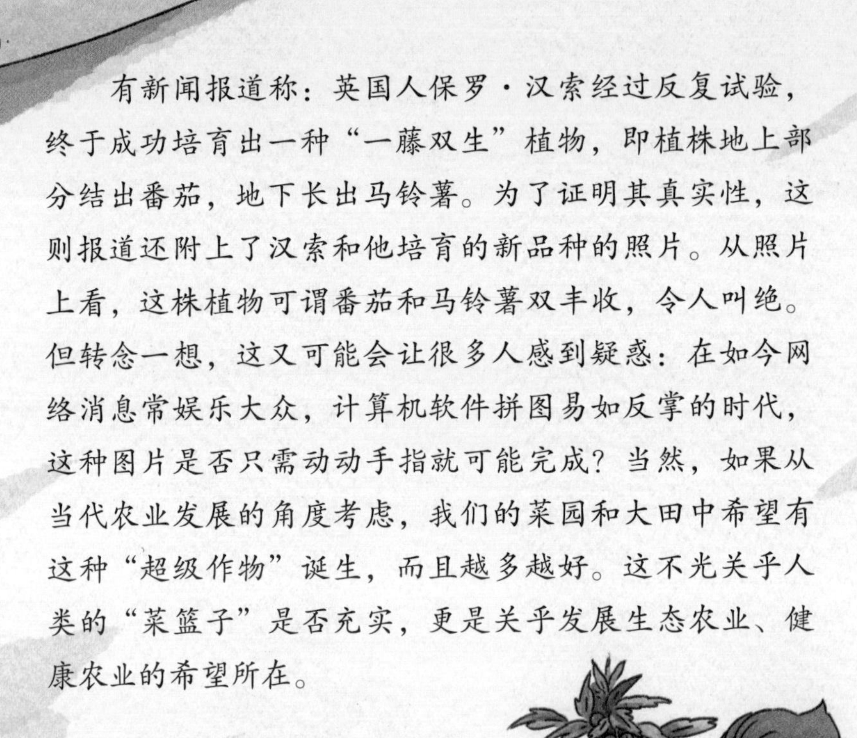

有新闻报道称：英国人保罗·汉索经过反复试验，终于成功培育出一种“一藤双生”植物，即植株地上部分结出番茄，地下长出马铃薯。为了证明其真实性，这则报道还附上了汉索和他培育的新品种的照片。从照片上看，这株植物可谓番茄和马铃薯双丰收，令人叫绝。但转念一想，这又可能会让很多人感到疑惑：在如今网络消息常娱乐大众，计算机软件拼图易如反掌的时代，这种图片是否只需动动手指就可能完成？当然，如果从当代农业发展的角度考虑，我们的菜园和大田中希望有这种“超级作物”诞生，而且越多越好。这不光关乎人类的“菜篮子”是否充实，更是关乎发展生态农业、健康农业的希望所在。

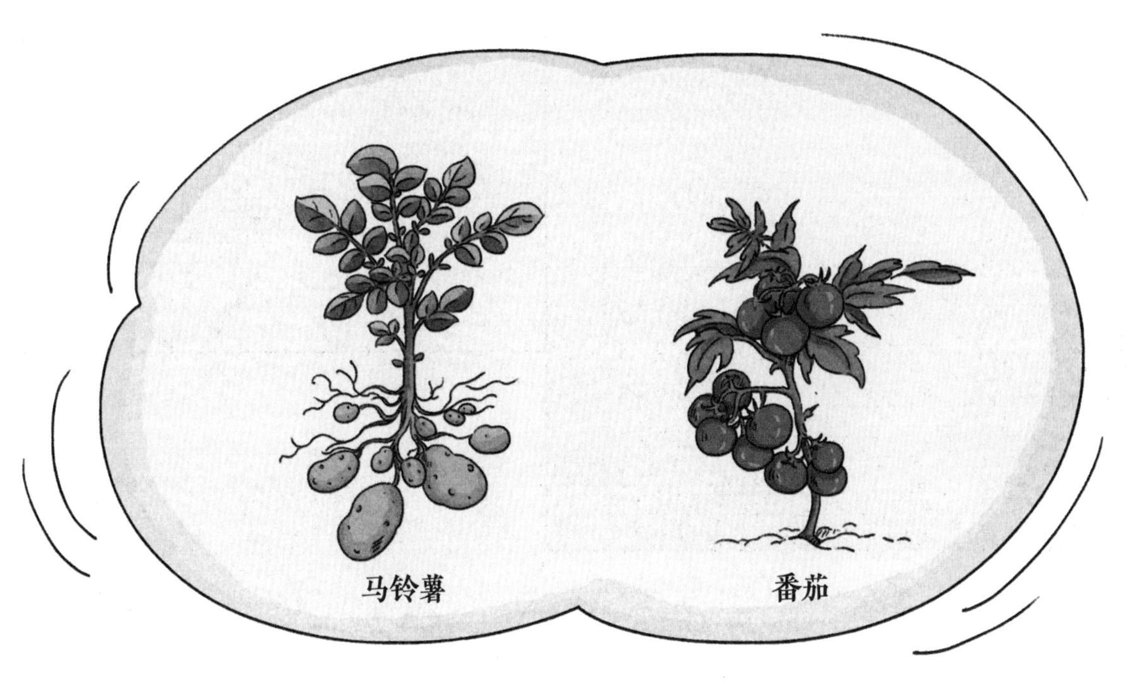

人们之所以在马铃薯和番茄身上打主意，有其内在的科学道理：这两种植物都来自美洲，在植物学上都属于茄科植物，亲缘关系不算太远，在细胞结构和遗传物质上存在某些共性。但目前农业上种植的马铃薯和番茄是经过人工培育的，与原生种在生物学性状和生态适应性上渐行渐远。将马铃薯和番茄进行杂交，即使能产生可育的后代，但其口味的变化和原种毒性的再现，将成为应用上的巨大障碍。因为这种新品种是拿来吃的，不是用来赏玩的新奇植物，所以并非一个人利用常规育种方法十几年就能成功培育的。与其相比，将同为茄属的茄子和马铃薯进行杂交育种可能更现实一些，但可能不会有马铃薯与番茄成功杂交所能取得的轰动效果。

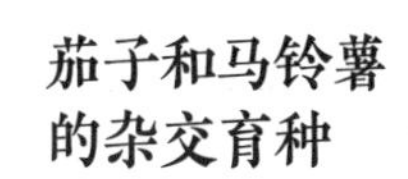

茄子和马铃薯的杂交育种

向日葵

菊芋

菊芋块茎

“明星作物”的杂交

菊芋和向日葵都是菊科向日葵属植物，而且在远离故土的其他温带地区也广泛栽培，堪称“明星作物”。这二者与上述番茄和马铃薯的组合有着相似的性状，即向日葵是以地上部分的果实（俗称葵瓜子）风靡世界，而菊芋却以地下生长的块茎受世人欢迎。而且二者之间的亲缘关系更近，杂交后的新品种体内产生潜在毒性物质的可能性很小。

与向日葵相比，菊芋不仅“身材”略矮小，而且长在茎顶部的花盘（头状花序）也小得多，结实性差，没什么食用价值。

印第安人的重要食物：菊芋块茎

菊芋把繁衍后代的功夫用在了地下块茎上，将光合作用产生的有机物质大量贮藏在其中，成为来年春季再度萌生新植株的“储备粮”，这是一年生的向日葵所不具备的生物学特征。正是菊芋的这种生存之道，为原产地的印第安人提供了重要的食物来源。他们将菊芋块茎在苗床上种植，以备早春食物短缺时食用。

17 世纪初，原产于北美洲的菊芋被带到欧洲栽植。很快，这种作物因其口味适合当地贵族而开始流行，并吸引人们设计出了许多大胆的食谱。但到了 19 世纪后，与茄科植物马铃薯相比，在耕作方法和大众化口味上，菊芋相形见绌，失去了优势，名气渐小，逐渐淡出了人们的视野。

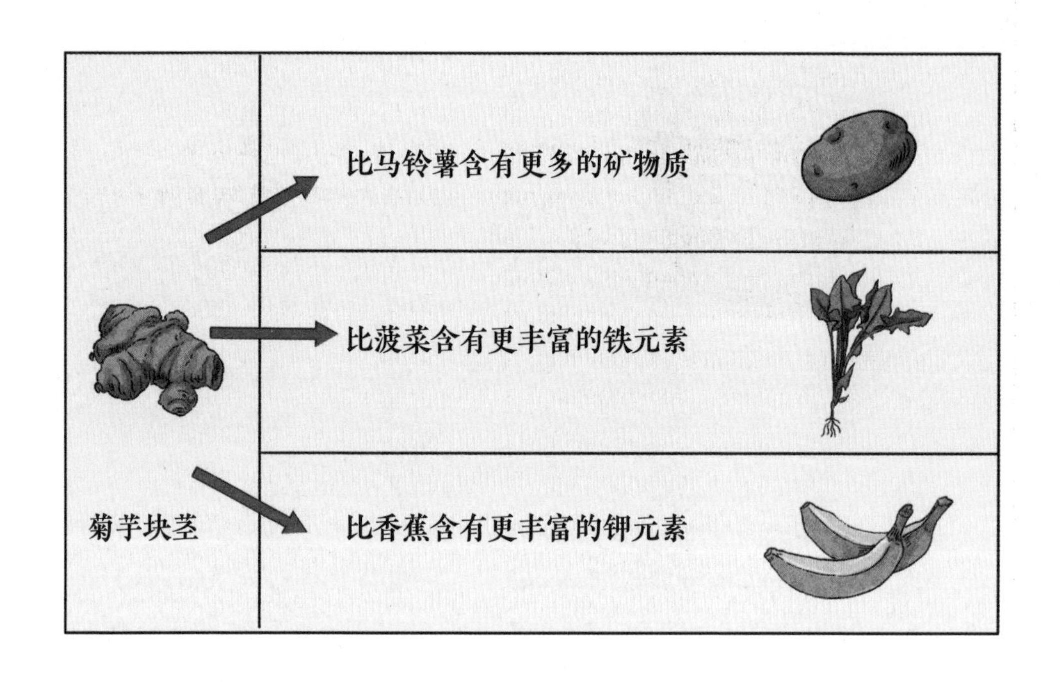

菊芋的再度崛起，与现代的有机农作物园丁和食物与营养研究人员有关。他们经过深入调查和研究发现，菊芋块茎比马铃薯含有更多的矿物质，比菠菜含有更丰富的铁元素，比香蕉含有更丰富的钾元素。

菊芋块茎也是低聚果糖的良好来源，这种果糖能增加肠道中的双歧杆菌数量，从而促进肠道健康，有利于提高人体免疫力。菊芋块茎几乎不含淀粉，但含有菊粉。在肝脏中，菊粉被转化成糖原。糖原是一种多糖，可以稳定血糖水平，进而减少饥饿感，抑制食欲。

从种植的角度考虑，菊芋只需要很少的照料。因此，即使在房前屋后、路边和地头零散种植，只要有足够的光照条件，也能带来收益。在我国，菊芋块茎往往被俗称为“洋姜”，可做成酱菜食用。菊芋多在农家地头零散种植，很少占用农田大规模栽培，进一步开发利用的潜力很大。如果菊芋与向日葵杂交育种成功，一种新兴的含优质油料和能高产菊粉的“超级作物”将为农民带来巨大的收益。

月见草的新贡献

月见草属于柳叶菜科月见草属，原产于南美洲，是当地人的一种传统食用和药用植物。

在夏季明亮的阳光下，这种身材高挑的野草看起来相貌平平，难以引人注意。但当夜幕降临时，动人的一幕出现了：它那娇嫩的亮黄色花朵开始绽放，一股怡人的香气很快弥漫在空气中，接踵而至的传粉昆虫就像被施了魔法似的在花丛上盘旋。虽然每朵花只开一晚，但众多的花朵在花期此起彼伏地开放，花香虫舞的夜景往往持续到初秋。

这种迷恋夜色的植物在 17 世纪被引种到意大利后，欧洲民众为了欣赏这种花而推迟去剧院欣赏歌剧，以至于欧洲巴洛克时期的贵族都争相在花园中栽种月见草。很快，月见草也在农家的田园中占据了自己的位置。至此，它的食用价值逐渐被欧洲民众所认识。

从 20 世纪 80 年代开始，医生和营养师们的注意力从月见草的观赏和食用价值，转向了月见草的医疗保健价值。科学分析表明，月见草种子中富含可食用的油脂，其中亚油酸占 70% 以上，尤其令人惊叹的是月见草油中有 10% 左右的 γ－亚麻酸。γ－亚麻酸是在人体内能转化成前列腺素的一种脂肪酸，月见草油因此成为世界上使用广泛的植物补充剂之一。

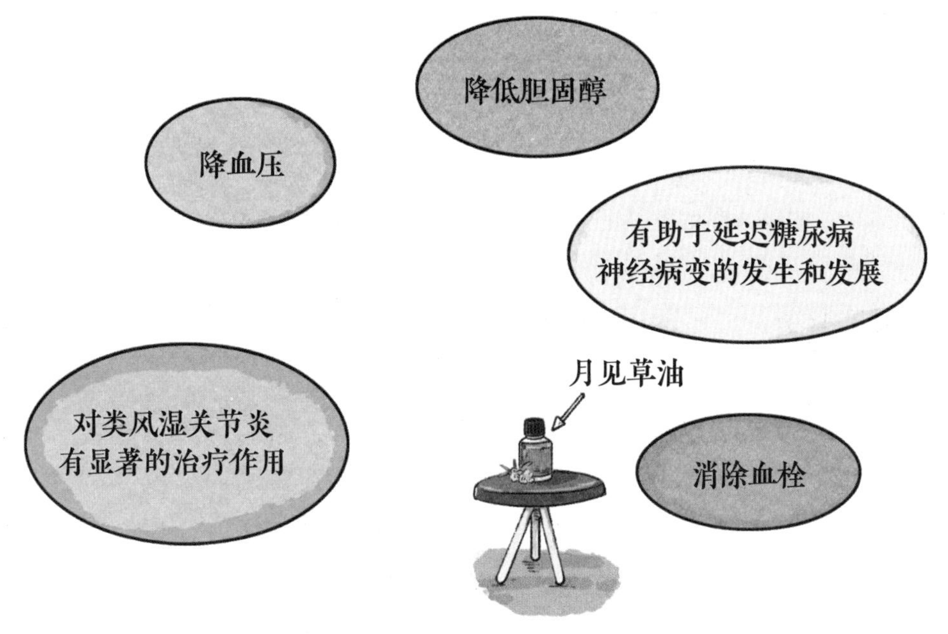

月见草的医疗保健价值

一些临床研究已经证实：月见草油在治疗湿疹方面很成功，对类风湿关节炎有显著的治疗作用；服用这种油，有助于延迟糖尿病神经病变（神经损伤）的发生和发展。科学研究也表明，γ－亚麻酸可降低胆固醇、降血压和消除血栓。

月见草的生态适应性强，有很强的繁殖能力，只要有一定的光照条件，就可以在较贫瘠、干燥的砂质土壤中生长，不需要特殊照顾。生长在较肥沃土壤中的植株生产的种子油中，γ－亚麻酸的含量反而更低。

因此，月见草是一种易于栽培，有较高医疗保健价值、食用价值和观赏价值的“超级作物”，应该受到重视。

耐盐植物大分享

生命起源于海洋，目前的陆生植物虽然早已离开了生命的摇篮，但在它们的遗传物质中仍有可能遗存着适应海水条件的基因。一些植物在适者生存的长期演化过程中又逐渐形成了耐盐的生态习性，在海滨的潮间带或土壤含盐量较高的环境中繁衍生息，成为“盐生植物”或“耐盐碱植物”。

其中典型的盐生植物是在我国华南和华东南部沿海滩涂上就能见到的红树林植物，如红树、秋茄树、海莲、海漆、桐花树、榄李、海桑等。

耐盐碱植物中传统的栽培作物

甜菜

粟

棉花

高粱

向日葵

此外，有些耐盐碱植物生长在间接接触海水的海滩上，如我国黄河入海口处大片分布的藜科植物盐地碱蓬；还有些则主要生长于气候干燥的内陆荒漠的盐碱地上或盐湖周围，如柽柳、胡杨、沙枣、酸刺（沙棘）、骆驼刺和白刺等。在形形色色的耐盐碱植物中也有一些是传统的栽培作物，如甜菜、粟、棉花、高粱、向日葵等。

这些典型的盐生植物或耐盐碱植物都具有一定的抗盐本领：它们或通过植物根部组织中的凯氏带等结构的选择性吸收和隔离作用，减少盐中的金属离子进入体内；或将进入体内的金属离子通过花青素等水溶性化学物质，转移至植株枝叶顶部的盐腺分泌到体外；或通过体内所含的单宁与被动吸收的过量金属离子结合，使其失去毒性，贮存在根部、树皮中及细胞间隙，不对植物正常的生理生化过程产生干扰，达到身在盐水中或扎根于盐碱土中而能“独善其身”的耐盐碱特性。科学、合理地利用这些耐盐碱植物对农业的发展有着深远的意义。尤其令农业和植物专家青睐的是，耐盐碱植物不仅本身就是一种潜在的超级盐生作物，而且也为更多耐海水作物的培育提供了优质的基因。

让我们一起走近大自然，探索奇妙世界吧！